小小少年绝境大冒险

JUNIOR ADVENTURE

飞越雪山之巅

GO TREKKING IN
THE SNOW MOUNTAINS

■总策划/邢 涛■主

U0229953

时代出版传媒股份有限公司
安徽科学技术出版社

JUNIOR
ADVENTURE

登上雪山之巅，
点亮探索梦想！

看到那些终年积雪、圣洁而美丽的雪山，你是不是想登上去看看呢？不过，登山可是一项考验体力和智慧的运动，你得做好准备工作才能出发哦！

在尽情欣赏雪山美景的同时，你必须了解雪山的另一面——气温低、氧气稀薄，有暴风雪，冰川有裂缝，甚至还有可怕的雪崩……除了和残酷的自然环境作斗争，你还得不断进行思想争斗：是勇往直前还是半途而废？这不仅考验你的身体极限，也在考验你的意志。

你还必须知道，登雪山不是几个小时的事，你得学会安营扎寨，学会爱护身体，还得根据天气变化随时调整登山计划。此外，你还得有豁达、乐观的精神，要善于苦中作乐。怎么，你想放弃了？想想站在雪山顶峰的感觉吧，只有勇敢者才能看到最美的风景哦。

别再犹豫了，背上行囊出发吧！我等着你这个冒险王归来哟！

这不是普通的冒险漫画，不是严肃的百科知识，而是激发勇气、智慧和灵感的惊人之作！

目录 CONTENTS

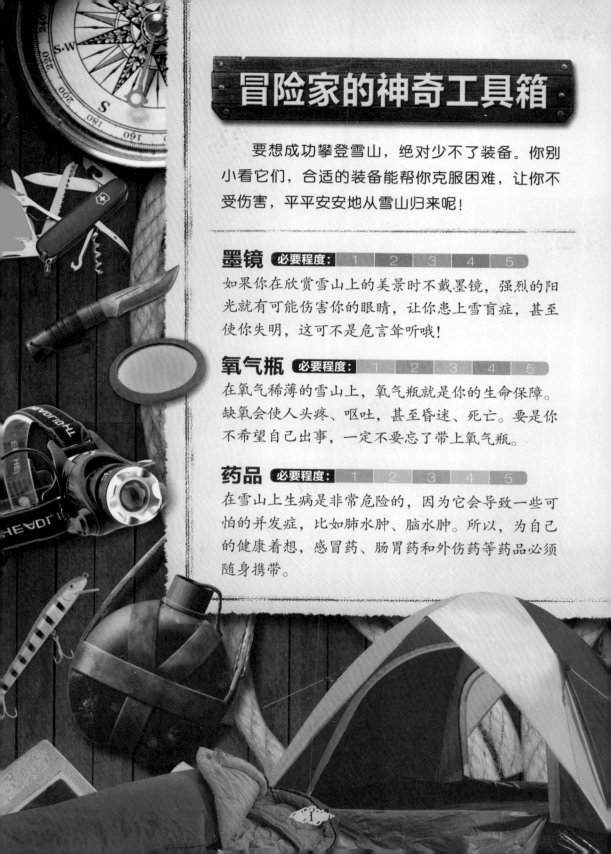

冒险家的神奇工具箱

　　要想成功攀登雪山，绝对少不了装备。你别小看它们，合适的装备能帮你克服困难，让你不受伤害，平平安安地从雪山归来呢！

墨镜　必要程度： 1 2 3 4 5
如果你在欣赏雪山上的美景时不戴墨镜，强烈的阳光就有可能伤害你的眼睛，让你患上雪盲症，甚至使你失明，这可不是危言耸听哦！

氧气瓶　必要程度： 1 2 3 4 5
在氧气稀薄的雪山上，氧气瓶就是你的生命保障。缺氧会使人头疼、呕吐，甚至昏迷、死亡。要是你不希望自己出事，一定不要忘了带上氧气瓶。

药品　必要程度： 1 2 3 4 5
在雪山上生病是非常危险的，因为它会导致一些可怕的并发症，比如肺水肿、脑水肿。所以，为自己的健康着想，感冒药、肠胃药和外伤药等药品必须随身携带。

保温壶 必要程度: 1 2 3 4 5

在攀登雪山的过程中,大量体力消耗会使你脱水,
所以你有必要多喝热水。为此,你必须准备一个
保温性能良好的水壶。

手杖 必要程度: 1 2 3 4 5

雪山上的路非常难走,要消耗很多体力,而且很
多地方陡峭、湿滑,你很容易滑倒或摔伤。带上
一根登山手杖,它能帮你不少忙呢!

绳索 必要程度: 1 2 3 4 5

在某种程度上,一根防
水、结实的绳索就是维
系你的生命的重要工
具。当你需要通过冰川
或攀登陡坡时,绳索能
把你和队友系在一起,
让你们共渡难关。

头灯 必要程度: 1 2 3 4 5

当你需要在漆黑的夜晚赶路时,头灯能照亮你
前方的路,让你不会迷路,远离危险地带,从
而保证你的人身安全。

勇敢的小小冒险王,如果你的
背包已经装好了,那就快快启
程,向雪山进发吧!

JUNIOR ADVENTURE

勇敢者请进来！

COME ON

想冒险吗？想体验在雪山中求生的惊险与刺激吗？

离太阳最近的地方

你爱雪山吗？它就像一个白色的童话王国，你可以堆雪人、打雪仗，不用担心雪会融化。你怕雪山吗？那里缺氧、气温低，随时都可能出现暴风雪和雪崩……不管你对雪山是爱还是怕，它就在那里，永远离太阳最近。

关于雪山，你真正了解它多少呢？你知道全世界海拔最高的山峰有哪些吗？各大洲的最高峰又分别在哪里？哪座雪山最险峻，哪座雪山最秀美？什么，你只知道珠穆朗玛峰？那你真该好好儿翻翻地理书和探险书了。

要知道，亚洲拥有众多海拔很高的山峰，除了珠穆朗玛峰外，全世界另外9座高峰也都在这里，它们分别是乔戈里峰、干城章嘉峰、洛子峰、马卡鲁峰、卓奥友峰、道拉吉里峰、马纳斯鲁峰、南迦帕尔巴特峰和安纳普尔纳峰。这10座山峰的海拔高度都在8000米以上，而且除了乔戈里峰属于喀喇昆仑山脉外，其他的9座山峰都位于喜马拉雅山脉。虽然

乔戈里峰的海拔高度不如珠穆朗玛峰高，名气也不如珠穆朗玛峰大，但论攀登难度，它要远远大于世界最高的珠穆朗玛峰。乔戈里峰地形复杂险恶，气候恶劣，很难有持续一周的好天气，这些都给攀登增加了难度。所以，乔戈里峰被称为"全世界最险恶的山峰"。

在有着"世界第三极"之称的喜马拉雅山脉，仅 6000 米以上的山峰就有上百座。而珠穆朗玛峰是喜马拉雅山脉最高的山峰，也是地球上最高的山峰。根据中国登山队 2005 年测量的数据，珠穆朗玛峰高约 8844.43 米。在 20 世纪上半叶，英国人曾称珠穆朗玛峰为"飞鸟也无法逾越的地方"；直到 1953 年，人类才首次成功登上珠穆朗玛峰。

其实，在冰天雪地的南极也有很多雪山，其中海拔约 4892 米的文森峰是南极的最高峰。它位于西南极洲，是南极大陆埃尔沃斯山脉的主峰。别看文森峰不算太高，但这里终年积雪，气温非常低，还伴有暴风，所以它又被称为"死亡地带"。而且在七大洲的最高峰中，文森峰是最后一座被登顶的山峰，它于 1966 年 12 月 17 日被一支来自美国的登山队首次登顶。

接着来看看欧洲，你认为欧洲最高峰是哪一座？是著名的阿尔卑斯山脉上的勃朗峰吗？你搞错啦！其实，欧洲真正的"巨人"是位于亚洲和欧洲交界处的高加索山脉上的厄尔布鲁士山。这座山峰高约5642米，比勃朗峰还高800多米呢。人们之所以在很长一段时间里，把欧洲最高峰的桂冠戴在勃朗峰的头上，是因为厄尔布鲁士山坐落在亚欧分界线附近，它总是被当成亚洲的山。

提到南美洲，你会想到安第斯山脉吗？这条长达8900千米的山脉上耸立着许多雪山，其中海拔最高的是阿空加瓜峰。阿空加瓜峰高达6964米，也是地球上海拔最高的死火山。别看它比文森峰和厄尔布鲁士山都要高，但相比之下，它却

更容易攀登，你可以选择从山的北面攀登，并且不需要氧气瓶就能登顶。

那么，你知道北美洲最高的山峰吗？它就是高约6194米的麦金利峰。麦金利峰位于美国阿拉斯加州的中南部，隶属阿拉斯加山脉。这座山峰以前叫迪纳利峰，是当地印第安人为它起的名字，"迪纳利"在印第安语中的意思为"太阳之家"。之后，它又以美国第25任总统威廉·麦金利的名字命名。这里靠近北极圈，气候不仅寒冷，而且风速常达每小时160千米。这里经常浓雾弥漫，最低气温低于零下50℃。因此，登山者需要忍受大风、低温等恶劣的天气条件，登顶成功率很低，目前已有百余名登山者在这里遇难。

如果我告诉你，在气候炎热的非洲也有一座雪山，你会相信吗？这座山就是著名的乞力马扎罗山，它终年被冰雪所覆盖，形成了一道赤道雪山的奇观。同时，它也是一座火山，由基博、马文济和希拉这三座主要火山组成。美国著名作家海明威曾经写过一本叫《乞力马扎罗的雪》的小说，里面有这样一段文字："乞力马扎罗山终年积雪，银装素裹，海拔达一万九千七百一十英尺（5895米），被称为非洲第一高山……"要是你打算去这座被称为"非洲屋脊"的乞力马扎罗山上看看，别忘了带上这本书，它还能帮你打发路上无聊的时光呢!

　　别看大洋洲大部分地区是热带和亚热带气候,但这里也有雪山,其中最高的是位于新几内亚岛上的查亚峰,海拔约5030米。不过,因为这座山峰位于赤道附近,气候十分炎热,所以它只有顶峰才有积雪,大部分地方都是裸露的岩石。如果你想要攀登查亚峰,你就不能像攀爬其他雪山那样采用冰雪作业,而要采用攀岩技术才行。

　　好啦,我已经为你简单介绍了七大洲最有代表性的几座雪山,如果你想进一步了解雪山是什么样的,得亲自爬爬才行哦!

寻找香格里拉

英国作家詹姆斯·希尔顿曾在他的传奇小说《消失的地平线》一书中，描述了一个仙境般的地方——香格里拉。那里有神圣的雪山、幽静的峡谷、金碧辉煌的庙宇、茂密的森林、飞泻的瀑布、宁静的湖泊以及广阔草原上的牛羊群，所有的一切都美得令人窒息。

故事讲述了 20 世纪 30 年代，几个英国人因为一次意外，来到一个几乎与世隔绝的地方——香格里拉，他们在这里受到了当地人的热情款待，并且被香格里拉美丽的风景与宁静的生活所深深吸引。在这里，人们生活得逍遥自在，享受着大自然施予的一切。尽管他们宗教信仰不同，但彼此团结友爱、和睦相处。

这本书让世人认识了这个叫"香格里拉"的地方，但是由于无从考证，香格里拉的具体

位置一直存在争议。有人推测香格里拉在西藏，因为那本书是作者以西藏古典传记中的世外桃源"香巴拉"为依据写成的。也有人推测香格里拉在四川的稻城亚丁，因为那里有最美丽的高山峡谷风光。近年来，又有人说真正的香格里拉在云南的中甸，因为居住在这里的藏族同胞始终认为这里就是香格里拉。然而，还有人坚持认为香格里拉在云南丽江。

　　神秘而又美好的香格里拉究竟在何地，迄今为止还没有定论。这是詹姆斯·希尔顿为人们创造的一个理想圣地，也是他留给人们的一个值得探究、寻觅的谜题。谁也不知道，香格里拉是真的位于地球的某个角落，还是只存在于人们的想象与寄托之中。

初步了解了世界上一些著名的雪山后，你是不是已经按捺不住，想打点行囊，准备出发了呢？等等，你确定你的身体没有问题吗？要知道，如果你体质不好，或是患有某些慢性疾病，就不能登雪山了。

为了不出意外，你一定要在出发之前对自己的身体状况有个明确的了解，尤其是那些第一次攀登雪山的人，最好还是去做一次较为全面的体检，根据检查的结果以及医生的建议，来决定自己是否能够出发。

通常，人体在氧气供应充分的情况下所做的体育运动叫作有氧运动。登山就属于有氧运动，需要消耗大量的体力，因此良好的睡眠和饮食是保证体力充足的必要条件。如果你经常睡不好，感觉很疲劳，或者胃口差，不爱吃东西，那你最好还是不要冒险了，因为你很快就会因为体力透支而不得不放弃。

你必须知道，不是每个人都适合登雪山，如果没有好身体，你对雪山上恶劣环境的适应能力会差很多。

由于高山上氧气稀薄，人容易缺氧，因此血压和心率会升高。如果你在平时的登山过程中就已经发现血压和心率出现不正常范围内的升高，这可不是什么好事，说明你的身体承受能力差，因此你只能放弃登雪山的计划。

在缺氧的环境下，不仅心脏跳动的次数（心率）会发生变化，心脏跳动的规律（心律）也会受到影响（心律失常）。正常的心律可以使心脏各处的心肌有序地收缩、扩张，使血液在各个器官之间循环流动，从而维持生命。

此外，要是你有关节炎或风湿病，也不适宜登雪山。

如果你没有以上提到的这些情况，那么恭喜你，你的身体条件还不错。但是，你不要高兴得太早，如果你没有良好的心态，那你肯定也无法坚持到最后。

登山不仅仅是一项体力运动，也是一项精神运动。一旦你进入 3500 米以上的高海拔地区，高原反应就会找上门来，就算你身体再强悍，也依然会出现高原反应，所以这个时候

就是对意志力的一种考验。你必须保持乐观的心态，有坚强的毅力和不怕吃苦的精神，这样，你才能面对高山上的恶劣气候以及艰苦的生活条件。要是你无法忍受刺骨的寒风和艰苦的生活条件，那你还是放弃吧。毕竟登山是勇敢者的运动，温室里的花朵是很难适应这项考验身心的运动的。

有了好身体和好心态，并不代表你就可以背上背包随时出发，要知道登雪山可不是休闲旅游。登山者为了攀登一座海拔6000米以上的雪山，通常要准备至少三个月的时间。作为攀登雪山的新手，你得提前半年甚至一年就要开始体能训练，以适应高山环境。

别小看体能训练，它是你攀登雪山的坚实基础，就算你拥有再高超的攀登技术，也离不开它的帮助。另外，你所做的体能训练必须是系统的，是针对耐力、力量、平衡、背负能力等多方面的训练。为了保证你的体能能满足攀登雪山的需求，你可千万不要因为辛苦而半途而废哦。

关于体能训练，你需要制订一个循序渐进的计划，具体参考如下：

一、耐力训练

每周至少进行 3 次 3000 米的长跑练习。

二、力量训练

1. 仰卧起坐，15 ～ 20 个一组，每天做 3 组。

2. 俯卧撑，15 个一组，每天做 3 组。

3. 单、双腿蹲起，20 ～ 30 个一组，每天做 2 ～ 3 组。

4. 蛙跳，20 ～ 30 个一组，每天做 2 ～ 3 组。

三、负重训练

每周负重行军锻炼 1 次，每次负重 15 ～ 20 千克，距离不少于 10 千米。

四、平衡训练

1. 单脚平衡：单脚站立，完成前俯后仰等动作，保持平稳。

2. 动态平衡：走平衡木或与之类似的地方，尽量不落地。每次行走量累计起来不少于 100 米。

五、其他练习

每周还可以骑自行车锻炼，或者去攀岩、攀冰等。

体能训练后，你是不是感觉自己的身体状况更好了？"磨刀不误砍柴工"，等你到了雪山上，就会发现这一点。

你能爬多高，算！经验说了算！

经过之前的体能训练，我想你现在一定对自己的体能和心理状态很有信心吧，但我还要问问你，你对不同海拔的雪山了解多少呢？你想攀登什么高度的雪山呢？

攀登雪山并不是你想爬多高就能爬多高的，而是要循序渐进。假如珠穆朗玛峰是你的攀爬目标，那你最好有海拔5000米、6000米和7000米雪山的攀爬经历。这些经历对你来说很重要，它可以使你积累一些经验，并帮助你树立信心。

如果你是个菜鸟，在此之前从没爬过雪山，那我建议你还是先从一些海拔3000～5000米的入门级雪山爬起吧。

在国外，3000多米的雪山就算是入门级的了。你可以试试新西兰的库克山，这座山是南阿尔卑斯山脉的最高峰，海拔高度为3755米，那里以巨大冰川而闻名，其中最大的是塔斯曼冰川。在那里，你可以一边爬山，一边欣赏沿途美丽的湖泊、冰川、瀑布和高山植物，这种感觉太美妙啦！

有了攀爬海拔 3000 多米的雪山的经验，你就可以挑战海拔 4000 米的雪山了。位于瑞士的少女峰是一个不错的选择。少女峰属于阿尔卑斯山脉，海拔 4158 米，终年银装素裹，宛如一位长发飘飘的婀娜少女，静卧在白云之间。虽然少女峰并非欧洲最高的山峰，但它却拥有全世界海拔最高的火车站，不知多少游客从世界各地赶来，只为了一睹这座巍峨又不失秀美的山峰。

而在国内，入门级雪山一般在海拔 5000 米左右，像四姑娘山大峰、哈巴雪山、奥太娜峰等，都是初级登山爱好者的首选攀登目标。

四姑娘山大峰位于四川省阿坝藏族羌族自治州小金县与

汶川县交界处，海拔5025米。由于它坡度不大，不存在险要地段，几乎没有雪崩，而且线路很清晰，沿途水源补给方便，对攀登技术要求不高，所以非常适合初级登山者。当地山区动物资源非常丰富，在你攀爬时，你也许还能碰到大熊猫或金丝猴呢。

哈巴雪山在云南省中甸县，海拔5396米，山上气候相对温和，地形简单，没有明显的冰裂缝，登顶需要的时间也不长。虽然哈巴雪山是初级登山爱好者的首选之地，但是你也不能忽略它的难度。在冬季，这里会有厚重的积雪、冰川，隐秘的冰裂缝，多变的天气，所以你最好不要在这个时候攀登哈巴雪山。

奥太娜峰位于四川省阿坝藏族羌族自治州的黑水县境内，海拔5200米。在藏语中，"奥太娜"是"雪山之子"的意思。奥太娜峰与奥太基峰（"雪山之父"）、奥太美峰（"雪山之母"）共同组成了"三奥雪山"。奥太娜峰地形平缓，海拔适中，虽然线路较长、攀爬强度较大，但难度不高。对于初级登山者而言，只要有足够的体力和坚持不懈的精神，就能够成功登顶。同时，奥太娜雪山也是一个摄影的好地方，雪山脚下的原始森林里生长着许多争奇斗艳的鲜花以及古老的大树，雪山之上又是一片浩渺的冰雪世界，极为壮观。

　　如果你爬过海拔 5000 米的雪山，就可以挑战海拔 6000 米的雪山了。随着登山经验的不断丰富，你就能挑战更高的雪山了。当然，雪山海拔越高，你遇到的问题就越多，比如身体不适、严寒的天气、冰裂缝和雪崩等。

　　就拿海拔 6000 米左右的雪山来说吧，比如前面已经提到过的麦金利峰，如果你不能忍受严寒的天气，还是不要选择那里为好。你可以选择很多国内的雪山，比如玉珠峰、启孜峰、雀儿山等。

　　玉珠峰位于青海省东部，属于昆仑山东段，海拔 6178 米。它坡度平缓，对攀登技术要求较低，可以作为 6000 米级入门雪山。不过，攀登这座山时你最好早点出发，而且在中午出现浓雾、风雪的时候，要在沿途留下标志旗，以免迷路。

启孜峰位于西藏拉萨西北处的羊八井，海拔 6206 米。它只在海拔 5800 米以上的地方才有雪，而且沿途没有特别陡峭的岩壁和冰川，是初次登 6000 米高山的最佳选择。

比起玉珠峰和启孜峰，崔儿山的攀登难度较大。它位于四川省甘孜藏族自治州德格县，主峰高 6168 米。由于这里气候多变，地形复杂，不仅有冰壁、冰沟和悬崖，还有冰裂缝、冰塔和雪桥，因此攀登起来对技术的要求很高。

有了攀登海拔 6000 米雪山的经历，你就可以挑战海拔 7000 米的雪山了。全世界海拔 7000 米以上的山峰大多分布在亚洲，特别是在中国西部这片神奇的土地上，就矗立着慕士塔格峰、贡嘎雪山、章子峰等高海拔雪山。海拔 7000 米的雪山上氧气稀薄，你得戴上氧气面罩才能前进。

氧气面罩第一次被用于攀登雪山是在 1922 年，当时，来自英国的两位探险家芬奇和布鲁斯率先确定了氧气装置的基本形态：氧气瓶加氧气面罩。如今，这种装备又得到了进一步优化，氧气瓶与面罩之间增加了一个转换器。尽管有些登山家攀爬珠穆朗玛峰都不用氧气，但对于大多数登山者而言，氧气装备是攀爬海拔 7000 米以上雪山的必备物品。

慕士塔格峰在新疆，海拔7509米，其顶峰浑圆，常年积雪。它攀爬起来难度小，而且冰裂缝很少，几乎没有雪崩，相对安全一些。不过，由于它的攀登时间较长，你必须有很好的耐力，并且能克服严重的高原反应才行。

贡嘎雪山在四川，其主峰海拔7556米，虽然它比珠穆朗玛峰矮，但其登顶难度远远高于珠穆朗玛峰。如果你爬贡嘎雪山，可一定要好好观赏这里的冰川，它们晶莹剔透，十分壮观。不过，这里经常发生冰崩和雪崩，所以你攀爬时要格外小心才行。

章子峰在西藏，海拔7543米，有两条登山路线：东南山脊路线和东北壁路线。前者坡度较缓，路线简单，但是路线长，适合秋季攀登；后者冰裂缝较多，有些地段容易发生雪崩，但它的路线短一些，适合春季攀登。

要是你能征服几座海拔7000米级别的山峰，你就可以试着挑战全世界14座海拔8000米以上的雪山了，不过要登顶就会更难，你要量力而行哟！

雪人真的存在吗？

几百年来，在喜马拉雅山地区，一直流传着有关雪人的故事。据说，这是一种体型巨大、浑身长满长毛、像人一样的哺乳动物，因其活动的踪迹总在雪山被发现而得名。

对于人类来说，雪人是一种十分神秘的物种，它们总是神出鬼没，很少有人能够发现它们的踪迹。早在 19 世纪的著作里，就有雪人的相关记载。自从雪人的故事被广为传播之后，世界各地的科学家、探险队以及媒体都相继前往喜马拉雅山区寻找雪人的踪迹，希望能抓一个活生生的雪人回来。

20 世纪 80 年代，加拿大登山家罗伯特·哈克逊在喜马拉雅山上发现了雪人的踪影，他迅速上前追赶，可终究没有找到。但在追赶的过程中，他采集到了一些雪人的粪便。

18

　　1951 年，英国探险家埃里克·西普顿在珠穆朗玛峰上发现了一些巨大的动物脚印，他怀疑是雪人留下的。这些脚印上有一个大脚趾和三个小脚趾，看起来很像猩猩的脚印，难道雪人只是猩猩的一种？西普顿一直跟着脚印走，大约走了两千米后，脚印就消失了。这是人类第一次清晰地捕捉到雪人的脚印，正因为这张照片，人们才开始相信，在茫茫的雪山上生活着一种叫雪人的生物。

　　之后，又有许多考察队找到了头皮、手骨等标本，但均未被鉴定是属于雪人的遗物。我国科学家也在 20 世纪 50 年代对雪人进行过调查，但没有发现任何雪人真实存在的证据。

　　那么，雪人到底存不存在呢？这依然是个谜。

准备好你的行囊

怎么样？我想你一定已经选择好你的攀登目标，跃跃欲试了吧？不要急，你还有最后一项很重要的事情没做呢！没错，就是挑选你的装备，收拾你的行囊。

首先，你得有一个合适的背包。背包不是越大越好，而是取决于你的行程安排以及你的背负能力。也就是说，如果你的行程较长，那么你的装备就会多一些，背包也需要大一些，当然，你得保证你能背动它。

有了背包之后，你就可以准备其他东西了。你可别以为光带上那个神奇的工具箱就足够了，实际上，你还需要准备不少东西呢！

首先是基础装备，包括冲锋衣、登山羽绒服、登山鞋、登山靴、帽子、手套、厚袜子、帐篷、睡袋、防潮垫、防晒霜以及炊具。其次是技术装备，有登山手杖、冰镐、冰爪、登山绳。最后，不要忘记带上食物哦！

这些东西都准备妥当后，不妨来了解一下它们吧！

在雪山上，天气非常寒冷，所以你必须把自己"包裹"得足够暖和才行。冲锋衣和登山羽绒服不仅保暖性好，透气性也很强，就算你在爬山时出了许多汗，汗水也能被排出去。鞋子也是一样，通常在雪线以下适合穿登山鞋，在雪线以上要穿登山靴，但不管是鞋还是靴，都必须是登山专用的，这样才能又保暖又防水又轻便。

就算你平时没有戴手套、帽子的习惯，但在爬雪山时，你必须戴上它们，以免你的头部和手部被冻伤。帽子要选择保暖性好的绒帽，并且保证它能够罩住你的耳朵。至于手套，要选择外面可防水、里面保暖的那种。袜子呢，要选择透气的保暖袜，记得要多备几双。至于帐篷、睡袋和防潮垫，则是露营的必备，如果你忘记带上它们，那你就得风餐露宿啦！

对于冰爪和冰镐，你可能会比较陌生，它们都属于攀爬雪山的必备器具。冰爪通常是由金属制成的，将它套在你的鞋子上，你就能在很滑的冰面或雪地

上站得牢牢的。不过，使用冰爪也并非易事，你必须提前掌握它的穿脱以及行走技巧。冰镐的样子看起来就像是一只手臂，这只"手臂"的用处很多，它能在我们行走时起到平衡的作用，也能在我们攀登时成为一个攀爬的支点。

在你准备食物之前，我必须得提醒你，你可别光挑你爱吃的，这里头也有讲究呢！一般来说，登雪山带的食物既要方便携带，又得营养丰富、热量充足，能够保证你在高原地区的身体需要。像罐头、面包、方便面、火腿肠、奶粉、巧克力等，都是不错的选择。

好了，你的装备已经齐全了，下一个步骤就是把它们装进你的背包中。别以为装满背包就是把所有东西一股脑儿全扔进背包，这里面还有一些技巧呢！毕竟你将在很长的路途中背着它前进，所以你必须保证它背起来很舒服。

通常，重物一般放在上面，如炊具、水瓶等，这样做可以使背包的重心高一些，方便登山者行走。睡袋放在背包底部，帐篷绑在背包的上面；一些小的工具，如电池、头灯等，放在背包外面的小包里。

打包完毕，你可以把背包放在地上，看看背包是不是能够稳稳地站立。如果可以，说明你已经掌握了打包的技巧。现在，万事俱备，就只欠东风啦！

临行前，你还需要了解什么

登雪山是充满激情的冒险，因此你不能随时随地出发，何况我们中国人做事都喜欢挑选良辰吉日，所以你最好也挑个好日子再走。

再说，雪山上的气候变化多端，并不是你想什么时候去就可以什么时候去的，有时候你必须听"天"由命。由于每座雪山所处的地理位置不同，相应的最佳登山时间也会不一样。出于对生命安全的考虑，你最好选择在当地的春夏季节登山，因为那时的气温稍微高一些，而山上的积雪还没来得及融化。

确定好登山的最佳时间后，你得选择一种适合你的登

山方式。

目前，登山方式有两种，一种是阿尔卑斯式登山，另一种是喜马拉雅式登山。

阿尔卑斯式登山并没有严格的定义，通常是指在高山环境下，单独一人或两三个人组成小队，以轻便的装备和快速的行进速度前进，并且中途不需要外界补给物资，一鼓作气爬上山顶，然后马上回来；要是不能登顶就马上返回。这种登山方式起源于18世纪阿尔卑斯山的登山活动，每个登山者都不依赖他人，不依靠外界的补给支持，完全依靠自己的经验和技术来克服困难，是一种强调"公平与独立"的登山方式。

在天气多变的山区，行动迅速可以减少危险。由于阿尔

卑斯式登山装备轻便，行动更加快速，因此能够减少登山者遇到危险的概率。但是有一点，阿尔卑斯式登山更适用于路程较短或交通方便的山区，而且对登山者的登山经验和技术有更高的要求。如果登山者中途出现意外，可能就会丧命。阿尔卑斯式登山并不以挑战速度、高度为追求目标，虽然有一些人曾用这种登山方式挑战过海拔8000米以上的山峰，但对于一般登山者而言，这种登山方式还是更适用于攀爬海拔3000～5000米的山峰。

与阿尔卑斯式登山相对的是喜马拉雅式登山。喜马拉雅式登山需要很多人的参与，如领队、向导、协作、厨师、大本营管理者……登山者和协作人员要在登山过程中反复适应，还要在沿途修路，在各个高度建立营地并储备物资，用多天完成登顶。

目前，喜马拉雅式登山是大多数登山者选择的方式，也是最适合你的方式。因为你年纪小，缺乏登山经验，必须依靠强大的登山团队才行。

一般来说，领队是团队的核心人物，就好像大家庭中的家长一样，他必须有丰富的登山经验和领导才能。在登山途中，你必须全程听领队的，不能一意孤行，要不然出了事故，你就得不到及时的救助。

飞越雪山之巅

除了领队，技术熟练的高山向导也起着重要的作用。向导就是登山的领路人，如果没有他们在前面开路，面对一片白茫茫的雪地，你根本分不清东南西北。以攀登珠穆朗玛峰为例，那些登山队的向导无一例外都是夏尔巴人。

夏尔巴人世世代代居住在喜马拉雅山脉南侧的高海拔地区，大部分是尼泊尔人，也有少数中国藏族人。夏尔巴人的身体素质非常好，他们血液中的血红蛋白浓度高于常人，所以具有很强的抗缺氧能力，并且能吃苦耐劳。他们的登山技巧高超，能够完成修筑山路、铺设绳索等任务，因此经常在登山团队中担任向导、搬运工等。

有了登山的团队，你们就要选择登山路线了。如果你和其他队员都是菜鸟级登山者，那就老老实实地选择一条安全系数高的路线吧。生命是最宝贵的，没有太多登山经验却要固执地走最危险的路，那你可能再也回不来了。每年都有登雪山的人遇难，有的死于雪崩，有的掉进冰川裂缝……要是你不想出什么意外，一定要万分小心才行。

当然，掌握一些基础的登山技巧也非常重要，如果不了解这些，攀登雪山就意味着玩命。

先来说说如何在雪地上行走吧，你可别觉得这是小题大做。与平时我们走路不一样，走在雪地上时，步幅一定要小，且保持固定的节奏。这是因为高海拔地区空气稀薄，走路会特别累，如果步幅过大或没有节奏，就会损失更多体力。上坡时，要径直向山顶方向前进，不要横穿斜坡，否则会踩裂雪层，从而引发雪崩。下坡时，一定要十分小心，掌握好节奏，尽量用脚跟而不是只靠前脚掌支撑重量。

爬雪山时，手里的冰镐要拿牢，如果发生滑坠，你可以用冰镐进行自救。如果你在攀登雪山前未能熟练掌握，就尽量不要爬存在滑坠危险的雪坡。

当然，过度的恐惧会让你太紧张，不利于登山。所以，当你做好了一切准备工作后，就放下心理负担，轻装上阵吧。别忘了带上足够的钱，它能让你的旅途少一些后顾之忧。但愿你能享受登山的过程，祝你一路平安。

27

★手工制作★
DIY登山手杖

登山手杖就像是你的另一双腿，在你登山时，能帮你节省很多体力呢。要是你觉得户外运动店里的登山手杖太贵，那就买些零件，自己动手做一根吧！

1 准备三根长短、粗细不一的不锈钢杖杆，两管 504 胶水，一根腕带，一个泡沫手柄，两个杖杆保护套，两个内锁和一个杖尖。将胶水均匀地涂抹在最长的杖杆的上端和腕带的末端，然后将腕带末端插入泡沫手柄的上端，将最长的杖杆的上端插入泡沫手柄的下端。

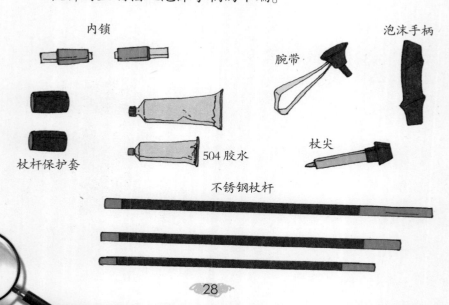

内锁

泡沫手柄

腕带

杖杆保护套

504 胶水

杖尖

不锈钢杖杆

2 将剩下的两根杖杆的下端抹上胶水，分别和两个内锁套在一起，再套上杖杆保护套。然后在最短的那根杖杆末端安装杖尖。

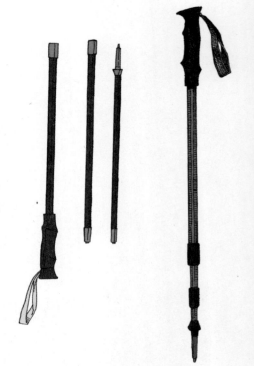

3 最后将三根杖杆一节套一节地组装起来，最粗最长的杖杆在上面，稍微细一些的在中间，有杖尖的在最下面。这样，一根自制的登山手杖就组装好了。

怎么样，自己做的登山手杖是不是也很不错？相信你挂着它上山，一定会很拉风的！

雪山上的"居民"

别看雪山地区的环境十分恶劣，不是积雪就是砂石，天气寒冷，空气稀薄，但是那里却生活着不少野生动物，它们不惧严寒，生存能力十分顽强。

如果你去爬西藏、青海、云南等地的雪山，最有可能见到的野生动物就是牦牛。

牦牛生活在海拔 3000 米以上的地区，能耐零下几十摄氏度的严寒，甚至还能爬上海拔 6400 米处的冰川，可以称得上是生活在世界上海拔最高处的哺乳动物之一。

你是不是对牦牛佩服得五体投地呢？那你知道它们的模样吗？牦牛长得很像水牛，身体一般呈黑褐色，力气很大，身体两侧和胸部、腹部及尾巴上的毛又长又密，四肢短小健壮。

在高原地区，人们的衣食住行都离不开牦牛。他们喝牦牛奶，吃牦牛肉，烧牦牛粪。牦牛的毛可以做衣服或帐篷，牦牛皮还是制革的好材料。此外，牦牛吃苦耐劳，还可以用于农耕呢。

也许你会问：牦牛的确全身是宝，但它们和登雪山有什么关系呢？你肯定想不到，事实上，它们能发挥很重要的作用呢。

登雪山可不是短短几天的事，你所在的登山团队肯定有很多登山装备和生活用品要随身携带，想必它们的重量也不轻。背着这些东西爬雪山会消耗太多的体力，你该怎么办呢？别着急，牦牛能帮你的忙！它们不但是称职的"搬运工"，还能充当"向导"呢。因为它们能走陡坡险路，能渡过江河激流，还能避开沼泽，所以赢得了"高原之舟"的美誉。

在冰天雪地里，牦牛背着重重的物资，体力消耗大，那它们吃什么呢？万一它们没有吃饱，还能继续往前走吗？其实你根本就不用担心这个，因为即使是在牧草缺乏的季节，

牦牛也能忍受艰苦的生活。它们只要吃些落叶和短草，就能保持充足的体力，继续在雪山上攀登自如。所以，你也要学习牦牛这种吃苦耐劳的精神哦，雪山上的生活肯定很艰苦，你一定要有很强的适应能力才行。

如果你最终成功地登上雪山，千万别忘了也有牦牛的一份功劳，是它们冒着严寒，帮你分担了一部分压力，给你的雪山探险生活提供了便利。要是带了相机，别忘了给这些值得信赖的朋友拍几张照片哟！

当然，雪山上不是只有吃苦耐劳的牦牛，还有令人恐惧的食肉动物，比如雪豹。

雪豹是一种猫科动物，生活在人烟稀少、地形复杂的高原地带，我国天山、昆仑山等地都能看到它们的身影。与我们熟知的豹子不同，雪豹身上的毛色不是橙黄色的，而是灰白色的，并且体毛又长又密，这样不仅可以帮助它们抵抗高海拔地区的寒冷天气，还能使它们成功地躲避猎物的视线。

雪豹通常把家安在海拔较高的裸岩山地，这是因为它们身体灵活矫健，善于跳跃，哪怕是高达三四米的山崖，它们也能轻松跃下。把家安在那里，也许是它们展示自己"能力"的一种特殊方式呢。

雪豹生性凶猛、机警，它们喜欢白天隐匿起来睡大觉，晚上才出来捕食高山上的野羊、旱獭、兔子以及鼠类等动物。有时候，它们也会跑到山下去骚扰那里的居民，偷走一些人们饲养的羊。

如果你在雪山上与雪豹不期而遇，那你真是挺"幸运"的，为什么这么说呢？这是因为雪豹的数量极其稀少，你在野外很难遇到它们。目前，雪豹属于国家二级保护动物，是濒危的珍稀物种。

无论是"高原之舟"牦牛，还是"雪峰隐士"雪豹，它们都是令人敬佩的雪山"居民"，你一定要保护好它们赖以生存的家园哦。

与高原反应作斗争

当你慢慢地向海拔 3000 米以上的雪山前进时，突然觉得头疼，呼吸急促，浑身没力气，浮肿，想呕吐，你甚至可能以为自己快要死了。别害怕，其实这是高原反应，初次来到高海拔地区的人都会有这样的反应，只是每个人的轻重程度不一样而已。

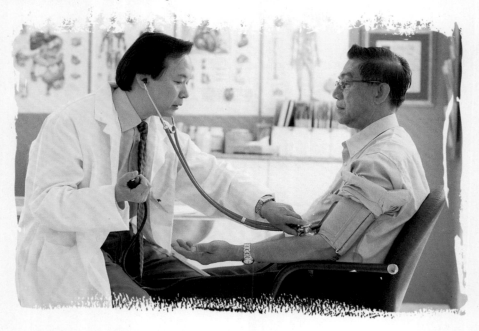

为什么会出现高原反应呢？要知道，高原上不仅气压低，空气中的氧气含量也低，这会影响肺泡与氧气的交换，使身体供氧不足。当你缺氧时，中枢神经会刺激肺吸入更多的氧气，因此你会感到呼吸急促，全身不舒服。

如果你爬到海拔更高的地方，随着身体缺氧更多，高原反应会更严重。要是你感冒着凉了，或是过于疲劳，那无疑会雪上加霜，因为这样会加重高原反应，甚至会引发高山肺水肿和脑水肿！

高山肺水肿和脑水肿，这两种高山病分别是由于肺部和脑部积液造成的，它们发病快，因此非常可怕，如果治疗不及时，很有可能丧命呢！

出现高山肺水肿时，人的嘴唇会变紫，呼吸声变重，喉咙里还有杂音，会出现头疼、胸闷、咳嗽等症状。而高山脑水肿的症状更严重，除了有早期高原反应外，还可能会出现幻觉、呕吐、嗜睡、抽搐、不能行动，甚至眼部出血等症状。

如果你在登雪山途中不幸得了肺水肿或脑水肿，一定要

采用半卧体位休息，并立即吸氧，等病情稍平稳，就用最快的速度下降到海拔较低的地方进行治疗。时间就是生命！你必须意识到问题的严重性，第一时间做出下撤的决定。

当然，不是每个出现高原反应的人都会得脑水肿或肺水肿，这是因人而异的。如果你只是感到稍微有点胸闷、头痛、呼吸困难，排尿多，那就说明你的反应很正常，不用太惊慌，从你的背包里拿出一些防治高原反应的药物来吃就可以了。要是有点不舒服就放弃登山，那就违背了你登山的初衷哟，因为你不是来享受的！

既然高原反应不可避免，并且有致命的可能性，那应该如何预防它呢？

在上山前几天，你就得服用预防高原反应的药，千万不要等到有了高原反应才服药，这样不仅不能马上缓解身体的不适，还会耽误你的行程。

如果你在平时多加强锻炼，增强体质，就能更快地适应高山环境。所以，如果你之前的体能训练工作做得好，高原反应就不会那么强烈了。

等你到达高海拔地区时，一定要加强保暖，避免患上感冒。这里不仅寒冷，而且天气多变，昼夜温差很大，前一秒还艳阳高照，下一秒可能就狂风大作。所以，你也不能总把自己包裹得太过厚重，一定要多注意天气的变化，及时增减衣服。如果出现感冒初期症状，要立即服用感冒药，及时治疗，避免病情加重。如果你患了感冒，就不要贸然向上攀登，否则平时不起眼的感冒有可能会引发更严重的疾病——肺水肿或脑水肿。不过，你也不能因为害怕感冒而长久地待在帐篷里睡觉，因为帐篷里的氧气浓度更低，这样不仅不能缓解你的不适，反而会加重高原反应呢！

除此之外，你还有很多办法可以对付高原反应。

在饮食方面，你别以为在这里体力消耗大就可以暴饮暴食，这是非常错误的想法。在高海拔地区，氧气稀少，我们身体的新陈代谢也会受到影响，胃肠等消化器官对食物的消化、吸收能力降低，而且身体内的能量以及维生素都会有很大的消耗。所以，你应该多吃一些含有维生素的食物，比如蔬菜和水果；另外，还要多喝水，少吃过于油腻的食物，免得增加肠胃的负担。

同时，你还需要保持乐观的情绪，树立强大的自信心，要知道，良好的心理素质也能帮助你克服高原反应呢！如果你总是忧心忡忡，一有不适就高度紧张，你的大脑组织的耗氧量就会加大，身体的不适感反而会更加强烈。

在攀登雪山时，你也不要过于急躁。即使体力充沛，你也不能上升得太快，要保持步调平稳，多停下来休息会儿，而且每天上升的高度不要超过 500 米。采用阶梯式的方法，让自己逐渐适应高海拔。这就像参加长跑比赛，你要学会均衡分配体力，才有可能完成比赛。要是你盲目自信，急于求成，很可能会因为生病而耽误更多的时间。

现在，你知道攀爬雪山没那么容易了吧？但你可不能被它吓得放弃了登山计划，这不是勇敢者的表现哦！只要你积极面对，就一定能克服这些困难，向更高处前进！加油！

看，那里有花儿！

要是你以为海拔高的地方是植物的禁区，只能看到厚厚的积雪和冰川，那你就大错特错了！植物的生存能力比你想象的要顽强许多呢。

即使在寒冷的高海拔山区，你也能看到开花的植物。虽然它们开得并不茂盛，也不一定妖娆，但绝对会让你震撼。你想不想去寻找它们的芳踪呢？

你听说过高山玫瑰吗？说实在的，这种花可比花店里的玫瑰差多了，它的花朵是灰白色的，看起来毫不起眼。不过，要是你看到它的生长环境，或许会对它刮目相看：它生长在阿尔卑斯山海拔 3000 ～ 4000 米的悬崖峭壁上。

要采摘高山玫瑰并不容易，因为很可能有生命危险。但是，阿尔卑斯山区当地的居民却有这样的风俗：如果一个小伙子喜欢一位姑娘，为了证明他的爱，他必须冒着生命危险采摘高山玫瑰，然后献给心爱的姑娘。

如果说高山玫瑰象征着浪漫，那么雪莲则是吉祥的象征。雪莲为多年生菊科草本植物，生长在我国新疆、西藏、青海、甘肃等地。传说雪莲是瑶池王母到天池洗澡时，由仙女们撒下来的呢。在新疆，一些牧民认为雪莲是吉祥如意的象征，还会喝下雪莲苞叶上的水滴，认为它能驱邪益寿。

比起高山玫瑰，雪莲的生长环境更加恶劣。它们生长在海拔4800～5800米的乱石坡和雪线（常年积雪的下界）附近的碎石间。雪莲扎根的土壤是靠细菌、苔藓、地衣分解岩石形成的，这种土壤的形成需要几百万年。而且雪莲从种子发芽到开花需要5年左右的时间，因此十分珍贵。

雪莲是名贵中药材，它的全身都能入药，对头部创伤、妇科病、类风湿关节炎、中风、高原反应等疾病均有独特的疗效。

遗憾的是，由于人们大量采摘雪莲，雪莲的生长受到破坏。要是再不对它们加以保护，也许10年后就再也看不到它们的身影了。

在北半球的高寒地带，于海拔3500～5000米的高山流石或灌木丛林下，也有一种开花的药用植物，它就是红景天。很多人用红景天来煎水或泡酒，以消除疲劳或抵抗山区寒冷。此外，它还有防病健身和滋补益寿的作用，被历代的藏医视为药中瑰宝。

其实，雪山上开花的植物远远不止这几种，还有杜鹃、格桑花等。你看它们迎着风雪绽放出朵朵笑脸，是不是比你平时见到的花朵要美丽许多呢？

除了那些开花的植物，高海拔地区还生活着一些蕨类、苔藓类以及地衣植物，别看它们毫不起眼，但它们能生长在海拔更高的地方，甚至在珠穆朗玛峰海拔8000米的地方也能看到它们的踪影。

这些植物在高海拔地区顽强地生长着，你也要像它们一样顽强哟！

别摘下你的墨镜

虽然雪山上的天空更蓝，周围是一片银装素裹的世界，但你不要得意忘形而摘了墨镜去欣赏美景。即使天气阴沉，或是你的墨镜上有水汽，你也不要轻易摘下它，因为任何疏忽大意都有可能让你得雪盲！

雪盲是一种高山病，是由于人眼的眼角膜受到阳光刺激引起的。雪盲主要表现为眼睑红肿、结膜充血水肿，有异物感和剧烈的疼痛，怕光、流泪、睁不开眼，看东西很模糊等。

为什么雪山上的阳光能伤害眼睛呢？这是因为积雪对阳光的反射率很高。纯净的新雪对阳光的反射率高达 95%，也就是说，太阳辐射的 95% 被雪面重新反射出去，射进人的眼睛，人们直视雪地就像直视太阳一样，这就难怪人眼会经受不住了。

雪盲不严重时，人一般会失明几个小时或两三天，然后视力会慢慢恢复。但如果你不注意保护眼睛，就有可能再次得雪盲，甚至会终身失明！

如果你的团队中大部分人都没有得雪盲，那还不要紧；要是大家都得了雪盲，可就麻烦了，你们有可能迷路，甚至有生命危险。这可不是吓你的哟！智利探险家卡阿雷·罗达尔在南极探险时，有一次外出没有戴墨镜，结果得了雪盲。起初他感觉眼睛疼极了，好像有人往他眼里撒石灰，然后就什么都看不见了。幸好他的同伴找到了他，最终把他带了回

去,要不然他有可能在白雪皑皑的南极迷失方向,被活活冻死。

当然,如果你得了雪盲也并不可怕,你完全可以想办法让视力尽快恢复。

你可以用纯净水或者眼药水清洗眼球,然后用柔软的医用棉纱覆盖眼睛,闭上眼睛静静休息。这个时候你可千万别揉眼睛,要不然情况会更糟糕。

你还可以补充些维生素A、B族维生素、维生素C和维生素E等,帮助视力尽快恢复。记住千万不要用热毛巾来敷眼睛,因为那样会让眼睛的刺痛感更强烈。

所以,避免患上雪盲的最好办法就是佩戴墨镜。如果你忘记带上它,那就尽量不去直视雪地。实在没办法,你也可以自制一个简易的墨镜——用纸片或是黑布遮住眼睛,中间留一道缝隙,这样也能减少一些射入眼睛的紫外线。

在雪山上,你得学会时时刻刻保护自己,即使雪山上的风景很美,你也不能让自己的眼睛受到伤害,否则不仅会影响你的行进速度,还会带来危险。

安营扎寨，养精蓄锐

在 雪山上走了一段路，刚刚还是阳光灿烂，可眼看天色就要变阴了，顶峰还遥不可及，而你这时却饥肠辘辘，精疲力竭。怎么办？你得马上找个地方安营扎寨！

要知道在雪山上过夜可不是闹着玩儿的，雪山的夜晚，温度能达到零下20℃甚至更低，没有一个隔绝风雪的栖息地，你可能会被冻死呢！

帐篷露营是登山探险或其他野外活动最常见的宿营方式，一顶小小的帐篷可以帮助登山者躲避大风、雨雪以及寒流的侵袭。有了帐篷，你可以随时随地搭建一所临时的家。不过，这里还有几件需要注意的事情：

首先就是安全问题。你所选择的营地应该是远离危险的地方，比如不要把帐篷搭建在悬崖下面，否则一旦刮大风，山上的石头或者积雪就会滑落，引发事故。

其次，还要注意避风。大风不仅会将帐篷刮跑、扯破，

还容易在你用火时引起火灾。另外，帐篷门的朝向最好也不要迎着风。那么，怎么知道背风向在哪边呢？你只要抓起一把雪扬起，看看雪的飘扬方向就知道了。雪向哪边飞去，哪边就是背风方向。

另外，还要选择平坦的地方。相比凹凸不平的碎石地，平坦的地面更适合搭建营地。虽然雪山上地势崎岖，到处是陡峭的石头路，但是你也得找个相对平坦的地方。要知道睡在帐篷里并不算舒适，如果晚上睡觉时背部还不舒服，那你很难睡个安稳觉。如果因此影响了第二天的攀登，那就太得不偿失了。

我想你现在已经选择好合适的露营地点了吧？下面，开始搭建帐篷吧。

首先，你和团队的队员必须先搭建公用帐篷，在下风处搭好炊事帐篷，再在上风处搭建用于存放公用装备的仓库帐篷。等到这些都做好后，大家就要搭建各自的宿营帐篷了。你可别告诉我，你还不知道如何搭建帐篷哦！

露营装备的使用顺序（从下到上）：地布→帐篷→地席→防潮垫→睡袋。

露营装备的使用说明：

1.地布：通常是一块粗纤维的防水布，置于帐篷底部（外侧），用来保护帐篷底部，以免被石子划破或与冰雪冻在一起。它也可以充当放置食物的野餐垫。

2.帐篷：露营装备中最主要的装备，供旅行者临时居住的"房子"。

3.地席：与地布作用相同，但比地布略厚一些，放在帐篷里面，主要是起防潮作用。但因为地席体积较大，携带性差，所以地席并不是必须携带的物品。

4.防潮垫：防潮垫比地布与地席都要厚，能够起到防潮、保温的作用。目前市面上防潮垫的种类很多，如充气垫、发泡垫等，你可以根据自己的需要来选择。

5.睡袋：顾名思义，就是睡觉的袋子，可以保证你在野外露宿时能够睡得更舒服和更温暖。攀登雪山时，需要使用羽绒睡袋，因为其保暖性最好。

等整个营地的帐篷都搭建好后，要用大石头压住四个角，避免帐篷被大风卷走。等一切安置好，你们在雪山上的大本营就算建好了。随着你们越爬越高，还会相继搭建前进营地和登顶营地等。

在搭帐篷的同时，你还可以烧一锅开水，用来饮用和做饭。在平原地区，水在100℃时会煮沸；但在高海拔地区，只要温度达到85℃，水就会沸腾。不过，烹煮食物是利用水中的热量，与水是否沸腾无关，所以在这里烹煮食物需要更长的时间。等你扎好帐篷，肯定又渴又饿，到时再烧水就来不及了。

在雪山上，你不用担心没有水源，因为那里遍地都是水源。没错，那就是山上的雪！它可是很好的烧开水的原料。不过你要尽量选择干净、厚一些、没有被人踩过的雪。有经验的登山者一般会携带天然气或汽油来烧开水。要是你的燃料有限，在附近找一些干树枝或枯草也不错，可以节省一些燃料，但前提是你要能忍受呛人的烟。你要记住，千万不能在帐篷里点柴火，因为这会消耗帐篷内的氧气，还有可能引发火灾，到时就得不偿失了。

等水烧开后，你可以和队友喝点热水，暖暖身子，然后开始做饭。你不能对雪山上的伙食要求太高，但也不能敷衍了事。食物最好要方便携带，而且要有营养，热量高。现在是考验你之前的准备工作做得如何的时候了。要是你看着别的团队成员大口吃肉喝汤，而自己只能啃干面包和火腿，那就只能怪自己啦！

在高山上，常见的速食食品有罐装八宝粥、火腿肠、面包、煮熟的鸡蛋、方便面、米粉、鸡腿、风干肉、巧克力、蛋黄派、能量棒、奶粉等。你可以随意搭配，比如早餐吃八宝粥和鸡蛋，午餐吃鸡腿和方便面，晚餐再吃点面包和火腿。你还可以冲一杯热牛奶，好好儿地犒劳自己。

吃饱喝足后，你可不要急着躺下睡觉，雪山上的夜晚也可以过得很精彩呢。你可以看看书，听听音乐，写写日记；还可以和队友们聊聊天，打打扑克；要是有人

带了电脑，并且有太阳能充电器，你们完全可以看一部电影！怎么样，这样的生活是不是很充实？等你钻进帐篷，躺在温暖的羽绒睡袋里，外面冰天雪地，帐篷里边却温暖如春，你会发现登雪山其实也没那么辛苦。

虽然在高山上你一样能吃饱睡好，但上厕所却是一件麻烦事。你当然不能在露天上厕所，这既不文明也不卫生，而且还容易冻伤。一些登山队往往会在宿营帐篷附近（最好是在营地的下风处）搭建一个很小的帐篷当作厕所。尽管这个临时厕所很简陋，却能挡住大风，并且有很好的私密性。在雪山上，厕所排泄物的处理非常重要，这不仅体现了登山团队的公德，也关系到生态环境。登山队一般会在厕所里放一个大垃圾桶，队员们每次的排泄物都扔进桶中，最后一起带下山。

你适应雪山上的宿营生活了吗？是不是感觉苦中有乐？好好儿休息，养足精神吧，前方的路更艰险呢！

冻伤,可不是小事

雪山的天气变化可真快,也许此刻你还在享受阳光的洗礼,下一秒就会遭遇暴风雪。事实上,即使没有暴风雪,寒冷也会让你很难受。你所处的位置海拔越高,气温就越低,甚至低于零下 20℃!

在这种严寒的环境中,如果你不做好保暖措施,很有可能会感冒、被冻伤、失温甚至丧命呢。

当气温过低时,人的血液循环会变慢,面部和四肢很容易被冻伤,比如耳朵、鼻子,以及手和脚等。你往往是在不知不觉的情况下被冻伤的,起初是皮肤发白,你会感到刺疼;然后会感觉麻木;最后皮肤变红发黑,甚至肿胀、溃烂。

　　如果你在雪山上不保护好身体容易受冻的部位，那麻烦就大了，这将会严重影响你的前进速度。更可怕的是，你有可能失去几根手指或脚趾，这可不是耸人听闻，而是确有真人真事哦。最年轻的珠穆朗玛峰登顶者——16岁的夏尔巴少年，在一次攀登雪山时，他把手套摘下来系鞋带，结果手指因长时间暴露在寒冷的环境中被冻伤了，后来不得不截掉这几根手指。这并非个例，不少登山家都因冻伤而失去了自己的手指或脚趾。

　　对于那些天生热爱探险，视登山为生命的人来说，这种伤残虽然不会致命，但绝对会影响他们以后的登山生涯。要知道，哪怕少了一根手指，也会对攀爬岩壁造成影响。那些

失去了好几根手指的登山者，很可能再也没法登上一些险峻的雪山顶了。

当然，大部分冻伤都没那么严重，只要发现及时，都可以治愈。要是你的手或脚冻伤了，你可以将冻伤的部位放入冷水中，然后慢慢将冷水加热。千万记住：不要直接将冻伤部位放入热水中，这样冻伤部位的软组织细胞会由于血液循环恢复慢而缺氧死亡。

等冻伤部位的血液循环恢复正常后，你可以服用一些抗生素或涂抹冻疮膏来防止感染。

等冻伤部位干燥结痂后，你千万不要用力揉搓那里，一定要等痂自然脱落才行。

处理完冻伤部位之后，你一定要注意保暖，不要将它再次暴露在寒冷之中。因为，再次冻伤的后果会比第一次更加严重。

要是你不想让自己冻伤，那可得做好保暖工作。除了穿保暖防风的羽绒服外，你还要戴上口罩、手套，以及能护住耳朵的帽子。在攀登雪山的过程中，你应该多揉搓面部，伸展你的四肢，活动活动脚趾，或者踢一下靴子，来促进血液循环。尤其是当你的手脚感到有些麻木的时候，更要这样做。除此之外，你还要及时补充氧气，因为高海拔地区空气稀薄，

身体组织缺氧和血液循环不畅都会引起冻伤。

要是你穿的是塑料靴子，最好在靴子上面套个雪套。在雪线以上的雪山，你最好穿上带雪套的高山靴，它能帮你的脚保暖。如果你的袜子湿了，要记得赶快换上干燥的新袜子，以免热量流失。

还有一种方法也能帮你很快暖和起来，那就是在身上贴发热贴。发热贴是由铁石、活性炭、无机盐、水等合成的聚合物，可在氧气的作用下发生放热反应。它可以持续发热，祛风散寒。不过，要是你事先没有预备发热贴的话，那就多喝热水吧。这时，你随身带的保温壶就能发挥重要作用啦！

其实，冻伤手或脚还不是最可怕的，要是你整个人处于失温状态（即体温低于正常值），那就可能有生命危险了。

平时，我们的体温应该在37℃左右，如果体温开始下降，我们的身体就会不自觉地发抖，这是一种让体温回升的生理反应。当你的体温降到35℃时，你会感到眩晕，没有方向感，行动变得笨拙，话也说不利索。这时，你体内的血液主要流向大脑、心脏和肺部等重要的器官，四肢就会因供血不足而感到麻木。

要是你的体温降到30℃，情况就非常严重了，你的脉搏会变得非常微弱，你会慢慢失去知觉，奄奄一息。

而一旦你的体温降到24℃，你的心脏会停止跳动，死亡可能就是一瞬间的事！

所以，当你感到全身发冷时，要马上加衣服，或是用热水袋取暖，千万不要等到失温才采取措施，到时即使加衣服也不能马上让身体暖和起来，情况会很危急！

记住，对抗雪山严寒天气的方法就是尽量让自己保持暖和的状态，保护好身体暴露在外的部位，防止冻伤。做好这一点，你就能一步步向更高处前进了。

日本探险家三普雄一郎

1970 年，一位来自日本的探险家三普雄一郎做出了一个大胆的决定，他带着一套滑雪板和降落伞来到珠穆朗玛峰的南隘口，打算从海拔 8000 米的南隘口滑雪下来。

在滑行速度加快之后，他把降落伞打开，想让降落伞帮助他减速，但是由于空气过于稀薄，降落伞并没有起到减速的作用。接着，他又试图把滑雪板踩进雪里减速，但是冰冻的积雪又让他的愿望破灭了。他越滑越快，竟然在两分钟之内就滑下了 1830 米！

还在不断飞速下滑的三普雄一郎绝望了，就在他觉得自己必死无疑的时候，"咚"的一声，他的滑雪板撞到一块岩石上。接着，他感觉自己的身体不受控制地飞了出去，最后落到一块柔软的积雪之上，这才保住了性命。后来，他也因此成了第一个"从珠穆朗玛峰上滑下来的人"。

尽管那次与死神擦肩而过，但三普雄一郎依然热衷于挑战极限，从未放弃过登山运动。

2003年，70岁高龄的三普雄一郎对珠穆朗玛峰发起挑战，并成功登顶。

2008年，75岁的三普雄一郎又一次成功登上了珠穆朗玛峰顶。

虽然年纪越来越大，但这并不能阻碍三普雄一郎那颗冒险的心，就在80岁那年，他又做出一个惊人的决定，他要第三次攀登珠穆朗玛峰！

这一次，他又成功了！他不仅刷新了自己的纪录，更是刷新了登顶珠穆朗玛峰最年长者的世界纪录。直到目前为止，三普雄一郎仍是登顶珠峰年纪最大的世界纪录保持者。

神奇的"万能药"

攀爬雪山的过程中，你的身体可能会出现头疼、水肿、疲劳等一系列不适症状，你知道治疗它们的"良药"是什么吗？那就是——水。

攀爬雪山已经消耗了你大量的体力，你是不是感到又累又渴，疲惫不堪呢？赶紧停下来喝口水吧！当然，你可不能只喝几口水来润润嘴唇，而是要大口大口地喝，至少要喝500毫升的水！

等你知道了喝水的好处，就不会让自己口干舌燥了。

人体要维持正常的新陈代谢，就必须喝足够量的水。如果不能及时补充水分，严重时会造成脱水，甚至有生命危险，需要输生理盐水或葡萄糖盐水来补充体液。

在高海拔的雪山上，空气干燥且稀薄，再加上登山时体力消耗很大，又容易出汗，因此身体对于水的需求就更大了，否则很容易导致脱水。

我们都知道，血液中含有血红蛋白，它们可以将氧气运输到各个身体组织中。但如果体内的水分不足，就会导致血液变黏稠，流动速度变慢，从而降低血液循环的速度，氧气的输送速度也会因此而减慢。这时，由于一些身体部位血氧供应不足，你会感到头疼、恶心、浑身难受。

在缺氧的条件下，脊髓就会产生更多的红细胞，然后通过血液运输到全身。但是，更多的红细胞会使本来缺水的血液变得更加黏稠，这样一来，血液传输的速度更慢了。

更可怕的是，由于身体的各个组织需要血液，血液中的水分会聚集在一些器官中，比如大脑或肺。如果你的肠子无法获得足够的水分，你体内的废物就无法排放出去，从而导致便秘。如果你的大脑或肺开始充水，你就会患上急性脑水

肿或肺水肿。前面已经提到过这两种高原疾病的危害性，如果不及时救治，可是要出人命的！

可以这么说，几乎所有的高原症状都是因为你的体内流失了大量水分而导致的。还记得那些可怕的高原症状吗？如果你不想把自己置于那种境地，你必须多喝水。

那么，你如何判断自己的身体是否脱水呢？

你可以将尿液颜色的深浅作为判断依据。要是你的尿液颜色很浅，那说明你的身体里有足够的水分；要是你的尿液很黄甚至发紫，天啊，那说明你脱水很严重，赶紧喝水吧！

当然，你肯定得随身携带着容量约1升的保温壶，因为在高山上烧开水比较费时间，你不能等到非常想喝水的时候才烧水，那就晚啦！

你每天到底要喝多少水才能不脱水呢？在雪山上，你最好每天喝4～5升水。怎样喝更好呢？你可以在出发前先喝1～2升，在路上喝1～2升，晚上睡觉前再喝1升左右。总之，不要一次喝太多，只要感觉渴了就喝，随时补充水分。不过，也千万不要等到自己口干舌燥了才喝水，因为那个时候，你的身体已经处在缺水的状态啦！

当然，你肯定不喜欢在雪山上经常解小便，但为了你的健康，这点小麻烦不算什么啦！

另外，我还要提醒你，虽然喝绿茶或者咖啡可以提神，令你精力充沛，但在登雪山时，你可千万不能这么做。这是因为咖啡和绿茶能刺激你排出更多的尿液，加快体内水分的流失速度。

所以，你还是喝白开水吧，虽然它平淡无味，却是最佳的饮品，你要多喝才行哟！

61

小心冰雪陷阱

你能想象自己掉进一个深不见底、两边都是厚厚冰层的冰川裂缝时的情景吗？要知道，这种事情真的有可能在雪山上发生！

在攀登高山的过程中，往往需要越过冰川，对于登山者来说，攀越冰川可能是整个登山途中最危险的路程。不过，要想成为一名合格的登山者，就必须具备攀越冰川的能力。

别看冰川很厚，非常坚固，其实它的内部是会流动的。由于重力的作用，冰川会沿着山坡一直向下滑，然后将沿途的冰压成冰块。就这样，冰川慢慢地向下运动，直到有一天，它不堪重负，表面开始裂开，形成大小不一的缝隙。这些裂缝深浅不一，通常与冰层的厚度有关，浅一些的有十几米，深一些的则达百米以上。你要特别小心这些冰川裂缝，要是掉了进去，如果你不懂得自救，又没有人救你，那你很快就会死去！

一般情况下，明显的冰川裂缝只要及时发现，还是能避开的。在通过裂缝区域时，要结组行动，每个组员身上都用一根绳子连接起来，大家保持一定的距离，一起前进。走在前面的人负责观察情况，后面的人要踩在前面人的脚印上走。这样的话，组员之间还可以互相帮助，彼此打气，有危急情况时一起面对，能增大安全系数。

　　当冰川裂缝很宽时，你和队友可以架上金属梯子走过去。你在梯子上走的每一步都要稳当，千万别被绊倒，要不然可要折腾你和队友一阵子了。不过，遇到这种比较宽的裂缝，最好还是选择避开绕行比较好。

　　比起明显的冰川裂缝，那些隐秘的裂缝更可怕，因为它们往往被厚厚的积雪盖住了，你根本不知道下面就是深渊。

要是你一脚踩了进去，身上又没有绑绳子的话，是很难爬上来的。所以，你在爬雪山时，身上必须系着一根安全绳，如果出现坠落的情况，你也能被绳子拽住。

为了避开冰川裂缝，你一定要走在积雪比较硬的地方。如果很不幸，你掉进了冰川裂缝，在坠落的过程中，你要用双脚以及冰镐来减慢下坠速度。当你掉到裂缝底部的时候，你可以借助绳子，采用抓绳结方法攀出裂缝。

不过，在你单独一人或是没有系上安全绳索的情况下，坠入冰川裂缝的生还希望是很渺茫的。因为你很有可能摔死或是被冻死。2012年7月，曾在2008年护送奥运火炬登顶珠峰的中国登山运动员严冬冬，在新疆西天山托木尔峰的登

山下撤途中，不慎掉入冰川暗裂缝遇难，年仅28岁。

雪山上不仅隐藏着裂缝的危机，其实在你爬雪坡的过程中，脚下的积雪也可能会要了你的命。你得随时小心不要将雪蹬塌，以免发生滑坠。那些在珠穆朗玛峰上丧命的登山者中，大多数都是坠落山谷而亡的，还有一些人是被掉落的石块或冰块砸死的。

别以为那些坚硬的岩石或冰川坚不可摧，其实，在大自然强大的破坏力之下，它们也会被风化瓦解。所以，在登山时，也要小心这些崩溃瓦解的岩石、冰块突然从山上坠落。

在雪山上，任何危险都有可能是致命的，所以你只能小心，小心，再小心！

经历了生死考验后，你是不是更加懂得珍惜和感恩？正因为你和队友生死与共，互帮互助，你的雪山之行才有了安全保障。

所以，当你平安地穿越险境后，一定要热情地拥抱队友，好好地感谢他们吧！

传奇登山家乔·辛普森

乔·辛普森是英国著名的登山家，同时，他也是一位具有传奇色彩的幸存者。他为了替朋友西蒙·耶茨洗刷冤屈，专门编写了一本书。这本书不仅替朋友解了围，也改变了他自己的命运……

25 岁时，乔·辛普森遇到了同样热爱登山运动的西蒙·耶茨，因为拥有相同的兴趣爱好，两人很快就成了要好的朋友。1985 年，乔·辛普森和西蒙·耶茨做出一个决定，他们要征服安第斯山脉上海拔 6400 米的斯拉格兰峰——一座从未有人登顶的处女峰。

虽然当天的天气十分恶劣，但他们还是成功登上了顶峰。可就在他们返回大本营时，灾难发生了。乔·辛普森不慎跌下陡坡，并且摔断了右腿，他的下面是万丈深渊，而向上又无法攀爬。见此情景，西蒙用救生绳紧紧地拉住辛普森，不料却在突然而至的暴风雪中和他一起慢慢下降。后来，辛普森又跌入一个狭窄的裂缝中，

并迅速下滑，西蒙也被拉着滑下去……

经过一段时间的努力，维系两人生命的绳子已经不堪重负，随时都可能断开，他们极有可能被冻死或摔死。为了自保，西蒙割断了绳子，攀爬出陡壁。

大家本以为辛普森就这样丧生了，实际上他竟奇迹般地活了下来！原来，绳子被割断后，坠落的辛普森被山崖上突出的山岩挡了几次，又落到一堆很厚的积雪上，躲过了死亡。可遗憾的是，由于伤势过重，辛普森再也不能登山了。

与伤残的辛普森相比，西蒙也好不到哪儿去，因为自从他割断绳子，"抛弃"伙伴，独自返回后，他就受尽了人们的冷嘲热讽。为此，他还放弃了自己热爱的登山活动。

在得知西蒙的遭遇之后，辛普森便把这次的经历写成了一本书，名叫《感受空旷》。这本书为西蒙洗刷了冤屈，而他自己也因为这本书而获得了多项大奖。

不得不承认，白茫茫的冰雪世界真是美如仙境，但是你在登雪山的时候，可千万不要因为贪图美景而放慢脚步，落了队。在失去向导以及同伴的时候，你很可能会迷失在这冰天雪地之中。

当你与同伴走散时，切记不可惊慌失措，你要冷静、冷静……冷静过后，你最好先待在原地，不要盲目往前走了，否则你的处境会更危险。

此时，你可能会环顾四周，但是周围到处都是白雪，你根本无法判断自己到底身处何地。如果你事先对当地的地形、环境有所了解，那你可以根据指南针判断出方位，自己去寻找出路。

你知道，在高海拔的雪山上，天气总是阴晴不定，出现大雾的情况也很多。突然之间，你就可能深陷一片白茫茫之中，看不清周围的一切。如果遇到这种情况，你应该先停止脚步，等大雾散去之后再继续上路。

如果你必须继续前行，你可以利用扔雪球的方法来判断前方是否危险。当你把雪球扔出去后，要留意它的下落方向与滚动方向，如果雪球不见了，前方很可能就是悬崖或裂缝。

如果在雪山上遭遇暴风雪，那将是十分危险的事情，尤其是在你迷路的时候。暴风雪的威力巨大，它会让你无法呼吸，甚至看不见任何东西。天地之间全是白茫茫的一片，你周围的山坡、悬崖、顶峰都会消失不见。这个时候，你必须停下脚步，找个可以避风的地方，比如坡面或是岩石，等待暴风雪过去。

尽管你归队的愿望十分迫切，但你也要留意时间。如果天色渐暗，你最好还是停下脚步，找个地方住下来。雪山上温差极大，到了夜晚，气温就会骤降，为了躲避风雪的侵袭，你应该挖出一个小洞穴来。

寒冷的雪山上，除了帐篷外，雪洞就是你的庇护所，能够帮你躲避凛冽的风雪，降低失温的危险。当然，挖雪洞也是有一些技巧和需要注意的事项的。

首先，雪洞必须选在迎风坡，以避免发生雪崩；其次，那里的雪要足够厚，不然就没法制作；再次，雪洞挖好之后，别忘了用冰镐做一个通风口；最后，进入雪洞之后，你要一直保持自己身体的温度。如果觉得冷，可以将双臂在衣服内交叉，双手夹在腋下保暖。

不要觉得这很麻烦，你还记得之前讲过的失温现象吗？如果你不想变成雪山上的冰人，那就赶紧挖洞吧。要知道，美国一位14岁的男孩就曾经利用这个方法躲避了风雪，最终安全地与家人团聚了。

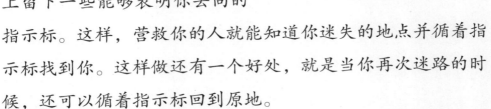

与此同时，你所在的队伍肯定也在焦急地寻找你。为了便于他们及时找到你，你也需要做点什么。当你离开这里，自行寻找出路的时候，别忘了在原地留下一些记号，并且不断地在路上留下一些能够表明你去向的指示标。这样，营救你的人就能知道你迷失的地点并循着指示标找到你。这样做还有一个好处，就是当你再次迷路的时候，还可以循着指示标回到原地。

那么，赶紧低头看看有什么东西可以作为指示标吧。石块、树枝统统可以！你可以用石块摆成箭头状，还可以将两个树枝连在一起，用顶端指出方向。

单独前行的滋味并不好受，除了忍受寂寞之外，你还得独自面对前方那些潜在的危险。不过，幸运的是，你的那些队友并没有抛弃你，他们终于顺着你的指示标找到了你！

见到对方，你们肯定都很激动，你诉说了在这期间你所经历的一切，他们安慰你、称赞你。祝贺你，你现在绝对是一名合格的登山者，你完全能应付登山时所发生的任何情况！

安静点儿，小心雪崩！

在 经历了冰川裂缝、迷路、暴风雪等各种状况之后，你是不是感到分外庆幸和激动，想大喊一声？你可千万别这么做，除非你不想活了。你知道吗？这样做的后果非常严重，你可能会引发一场雪崩！

高山上的雪看似寂静无声，但当它们排山倒海般滑向海拔更低的地方时，那种破坏力和海啸相差无几。

只要是雪崩经过的地方，树木、人、汽车和房屋都会被推倒，然后被掩埋，只留下一片白色的废墟。

更可怕的是，你不知道雪崩什么时候发生，它就像无声的幽灵，会突然地将一切毁灭……

为什么会发生雪崩呢？这是因为山坡积聚了太多的雪。当阳光融化了表面的积雪后，雪水就会渗进下面的积雪和山坡。这些雪水结冰后，就会变得滑溜溜的，带动上面的积雪向下滑动，发生崩塌。

此外，诱发雪崩的因素还有动物的奔跑、滚落的石块、刮风和轻微的震动等。当这些因素相互叠加时，一场潜在的灾难就一触即发了。

一年中的哪个季节最容易发生雪崩呢？雪崩这么可怕，难道它就没有任何征兆吗？其实，要回答这个问题很困难，因为每座雪山的地形和气象条件都不相同，所以不能一概而论。

一般情况下，在冬季和春季比较容易发生雪崩。冬天下大雪后，或是连续下了好几场雪后，积雪很不稳定，一点动静都可能会引起雪崩。春天来临后，气温略有上升，表层的积雪也开始融化，这时候也很容易发生雪崩。所以，你最好错开这些季节爬雪山。

除此之外，你也尽量不要长时间处于容易发生雪崩的地带。一般来讲，超过 30° 的坡度发生雪崩的概率要比小于 30° 的坡度大很多。背风斜坡以及地势低的地方，都是雪崩的高发地点。

虽然冬季和春季是雪崩的多发季节，但这并不意味着在其他季节，雪崩就不会发生。不过，只要你对周围的环境变化很敏感，总能发现蛛丝马迹。比如你会看到山坡上突然弥漫云状的雪白尘埃，或是有成片的雪从山上剥落下来，有时还能听到"轰隆隆"的声音。

当你已经察觉到这些迹象时，很可能已经来不及避开了。因为雪崩发生的速度非常快，你只有短短几十秒的逃生时间。

既然雪崩这么让人出其不意，你就该事先掌握一些自救技巧，它能把你可能受到的伤害降到最低。

遭遇雪崩时，不懂得自救的人通常会往山下跑，但他是不可能跑赢雪崩的，因为雪崩的移动速度超过每小时320千米，而且越往下滑，它的移动速度就越快。是不是很可怕？别说是普通人了，就算是世界短跑冠军，也不可能超越它。

你最好先将自己身上的背包扔掉，以减轻负重，方便逃生。接着，你要迅速远离雪崩可能经过的地方，也就是横穿过去，向旁边跑，你也可以爬向较高的地方。总之，千万不要顺着雪崩的方向往下跑。

如果你已经被雪崩团团包围，不要惊慌，赶紧做游泳的动作，不断挥舞你的手臂。如此一来，你就可以浮在雪面之上，不至于被大雪掩埋。

如果你不幸被雪崩带到积雪的堆积区，你要尽可能闭上嘴巴，用手护住鼻子，在雪堆下给自己留一点呼吸空间，也可以避免吸入太多粉状雪末，导致窒息。

虽然松散的雪堆里也有氧气，但也在短时间内聚集了足以让你窒息的二氧化碳。因此，在这种生命危在旦夕的时刻，

你一定要保持冷静。

等你周围的雪不再运动后，你可以通过判断自己的口水流向下巴还是脸部来确定你的体位。要是你的口水流向下巴，那你就是直立的状态；如果你的口水流向脸部，那说明你此时是大头朝下啦！

尽管雪崩导致登山者死亡的概率很高，但不到最后时刻，你千万不要放弃希望。

要是雪太厚，赶紧用手或登山手杖把你身体上方的雪弄走。如果没有效果，你可以看看身上有没有口哨。要是有，那就用力吹口哨吧，兴许附近的搜救人员能听到口哨声呢。

据统计，如果雪崩发生后15分钟内将受害者救出，受害者幸存的概率很大。如果过了45分钟才救出受害者，其生存的希望只有20%～30%。如果超过了2个小时再施救，他幸存的概率几乎为0。

尽管雪山上的雪很美丽，但它也隐藏着致命的危机。你在享受登山乐趣的同时，还得时刻准备应对突发灾难。但愿你不会遇到雪崩！

登顶，你只成功了一半

当你越爬越高，看到山顶似乎离自己很近，你是不是有一种一鼓作气登上去的冲动？但是，海拔越高的地方，地势越陡，面临的危险也越多，在速度和安全中选择一个，你应该选择后者。你必须知道，没有什么比活着下山更重要。所以，一旦氧气不足或是身体不适，你就得放弃登顶的打算，将机会留到下次。看来要想成功登顶，"天时""地利""人和"缺一不可。此时，你已具备"地利""人和"这两个有利条件了，那么，就差"天时"了。

雪山顶峰上的天气往往比下面山坡的更变化多端，因此，你得时刻关注着天气，无风或风小的好天气是登顶的最佳时机。而且，你还得时刻关注顶峰的天气情况，如果忽视这些，你很可能会被一场突如其来的暴风雪弄得上不去又下不来，只能等风雪停下来再继续前进。

登顶前一天的晚上，你最好早点躺下休息，千万不要兴

奋得睡不着觉，因为这天晚上的睡眠质量将决定你第二天是否有体力登顶。

为了保存体力，向顶峰冲刺的那天，你和队友还必须轻装上阵。因此，你们现在要舍弃一些不必要的物品，只携带必需的登顶物资就好了，比如保温壶、氧气瓶、头灯等。

除此之外，你还得了解登顶和下山你需要多少氧气。如果你所剩的氧气已经不足以支撑你登顶和下山，你就需要在大本营多备上一些。而且，氧气面罩和墨镜的位置也需要事先调整好，以避免影响你的视线。你还要将氧气瓶用安全带固定在身上，如果在登顶过程中，氧气瓶脱落，你很可能会因缺氧而死亡。

如果选择在晚上登顶，你最好准备几个备用的头灯，万一登顶途中头灯坏了，你可以及时更换，免得看不清路而跌下万丈悬崖！

通往顶峰的路一般坡度都比较大，非常陡峭，而且结着厚厚的冰，人走在上面很容易发生滑坠，所以你每走一步都得小心翼翼。这时，你可以用冰镐和冰爪来帮助你保持身体的平衡。

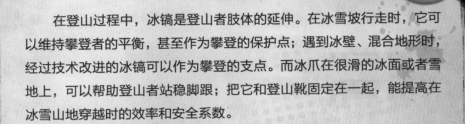

在登山过程中，冰镐是登山者肢体的延伸。在冰雪坡行走时，它可以维持攀登者的平衡，甚至作为攀登的保护点；遇到冰壁、混合地形时，经过技术改进的冰镐可以作为攀登的支点。而冰爪在很滑的冰面或者雪地上，可以帮助登山者站稳脚跟；把它和登山靴固定在一起，能提高在冰雪山地穿越时的效率和安全系数。

任何时候，保持冷静非常重要。你必须控制好你的呼吸节奏，让自己的脚步慢一点，稳一点。为了安全，你和队友都必须挂在结组绳上，并保持一定的距离，这样既能防止拥堵，又能在出现危险的时候及时相互救助。

在这个时候，团队协作变得尤其重要，你要明白你和其

他队员是互帮互助的伙伴，而不是竞争对手。即使你爬得比其他队友快，第一个登顶，也不能说明你是最棒的。让团队安全地前进，成功地登顶，才是大家共同的目标。所以，你要听从领队的指挥，千万不能孤军奋进，因为你的一个错误很可能连累整个团队！

这个时候，你可能觉得自己已经体力不支了，支撑着你的完全就是你的信念。你和队友排成一列，慢慢地向上攀登，你们走一步、喘口气，再走一步、再喘口气……每走一步，体力都会下降一分，但同时离成功也更近一步。

终于，你们到达了顶峰！

当你和队友好不容易登上顶峰时，是不是会有一种"一览众山小"的感觉？这时你肯定满脸都是成功的喜悦和激动。恭喜你，你登顶成功啦！

但是，对于整个攀登活动来讲，你才成功了一半，因为安全地下山才是最终的成功！

上山容易,下山难

人们都说"无限风光在险峰",不过,顶峰的风光再美好,你也不能因为欣赏美景,而耽误了下山。况且,顶峰上的位置有限,如果大家都挤在上面,很容易出现危险。

如果你觉得这来之不易的美景看不够,那就不妨用相机将它拍摄下来,不仅可以留作纪念,也能让你的家人和朋友都欣赏一下。

不过,拍好雪山也并不容易,雪山到处都是白茫茫的,还容易反光,如果采用一般的拍照方法,拍出来的景色就会显得十分单调,缺少层次感。

拍摄时,你应该为雪山选择一个比较暗的背景,造成强烈的明暗反差,既可以丰富画面的层次感,又可以减少光亮度。如果还想让你的照片看起来更生动,你可以为雪山选择一个前景,比如你的登山杖,如此一来,画面的层次感有了,意境也有了。

  当然，这里面也有运气的成分，如果登顶那天天气不作美，是个阴天，那你的照片很可能就只是灰蒙蒙一片了。

  好啦，欣赏完了美景，也拍下了照片，现在，你要准备下山了。

  都说"上山容易下山难"，这句话非常有道理。有很多人虽然登上了顶峰，却在下山时意外身亡，这样的事例太多了。1998年5月，美国女登山家弗朗西斯·安森特卫就在攀登珠穆朗玛峰的下撤途中，因缺氧虚脱而倒在珠穆朗玛峰顶下244米处，年仅40岁。她留给世界最后的一句话是：不要丢下我。所以，对于登山者来说，安全下山才意味着登山活动的真正胜利。那么，你在顶峰停留短暂的时间后，就赶快集中精力准备下山吧。

你想过用什么办法下山吗？是沿原路返回还是另辟蹊径？

其实，下山的方法有很多，你想不想都尝试一下呢？

你可以滑雪下山，但前提是你带了工具，有很好的技术，并且不会带来致命的雪崩。

你也可以把自己挂在路绳上，让自己悬空下滑，不过你得控制好速度，还得提防那些尖利的岩石和冰川，它们有可能扎伤你哦！

你还可以把雪山当作你小时候玩的滑梯，顺着山势缓一些的地方滑下去，不过你的屁股就没那么好受了。要是碰到障碍物，你可能要翻很多跟头才能停下来，这可不是闹着玩的！

2000年，一位来自斯洛文尼亚的探险家卡尔尼用了5个小时的时间，从海拔8844.43米的珠穆朗玛峰顶峰一路滑雪滑到了山脚的营地，成为全程滑雪滑下珠穆朗玛峰的第一人。不过，他也在首次尝试从珠穆朗玛峰上滑下来时失去了两根手指。

所以，为了稳妥起见，建议你和队友还是按原路返回吧，因为你们已经熟悉了路况，在经过一些危险地带前能及时做好防备工作。

尽管是这样，你在下山的过程中，依然不能有丝毫的懈怠，一定要安全回到大本营或海拔更低的地方才行。因为登山已经耗尽了你大部分的体力，疲惫会让你反应迟钝，稍有疏忽，就可能酿成悲剧。有的登山者下到离登顶营地不远的地方后，由于极度疲累，直接躺倒在雪地上睡着了，再也没有醒来。要是他们坚持往下走，到达更安全的地方，就不会发生这样的悲剧了。

等你和大部队回到大本营，你才可以松一口气，在那儿好好地享受一顿丰盛的庆功宴吧。

吃饱喝足后，你可以唱歌、跳舞，或是安静地写你的旅行日记，尽情地放松一下，然后美美地睡一觉，扫去所有的恐惧和疲惫。

现在，一个新的攀登目标是不是已经出现在你的脑海中了呢？

请带走你的垃圾

雪山之所以美丽迷人，是因为它到处银装素裹，圣洁美好。要是有一天它变成了一个垃圾场，垃圾随处可见，就连融化的雪水也散发出难闻的气味，你还会喜欢它吗？相信你的回答肯定是不喜欢。既然这样，那就好好儿爱护雪山，下山时请带走你的垃圾！

由于大多数人会选择喜马拉雅式登山，他们储备很多物资，会在不同的海拔高度搭建好几个营地，这必然会产生很多垃圾。如今在珠穆朗玛峰上的垃圾已经有几十吨，它们严

重地破坏了山上的环境，这对山上数量本来就不多的动植物是致命的威胁。国内的梅里雪山、四姑娘山大峰等不少雪山也都面临着垃圾污染的威胁。

那么，雪山上常见的垃圾有哪些呢？

常见的雪山垃圾有废弃的氧气瓶、帐篷和天然气罐，还有食品塑料袋、罐头盒、食物残渣、排泄物和用过的卫生纸，甚至还有坠毁的飞机残骸呢！

雪山上的垃圾有的很难分解，有的会渗进雪堆，顺着雪水流淌。如果你知道很多大河的源头都是雪山，就会意识到问题的严重性了。大家都认为雪水是最纯净的，但如果它们被污染了，后果将不堪想象，因为这些水很有可能被成千上万的人饮用！这是多么可怕的事！

雪山上从来无小事，为了避免雪山被污染，你必须以身作则，保护雪山的环境。在雪山上，生火肯定要用到燃料，要是你带了足够的天然气作燃料，那就尽量别烧山上的木材，因为它们燃烧产生的废渣会污染环境。

如果你发现雪山上有河流，千万不要在那里洗餐具或其他东西，更不能在此大小便。没有谁愿意喝含有致病菌的水，你要好好想想这样做的后果！

如果你不得不制造生活垃圾，那就用大一点的塑料袋将它们密封好，等下山的时候再一起带下去。如果你实在没有多余的体力，你也可以请一个驮工帮你带走垃圾。千万不要因为一时高兴就将捡垃圾的事情抛之脑后，要培养自己的环保意识。

让人欣慰的是，现在有很多环保志愿者自费爬上雪山去捡垃圾，并呼吁大家保护雪山，饮水思源。但是，只凭少数人的力量很难改变雪山被污染的现状，这需要我们大家共同的努力。

因此，你千万不要在雪山上留下垃圾哟！

创世卓越 品质图书
TRUST JOY,QUALITY BOOKS

图书在版编目（CIP）数据

飞越雪山之巅／龚勋主编．—合肥：安徽科学技术出版社，2016.1

（小小少年绝境大冒险）

ISBN 978-7-5337-6804-1

Ⅰ．①飞… Ⅱ．①龚… Ⅲ．①探险—世界—少儿读物

Ⅳ．①N81-49

中国版本图书馆CIP数据核字（2015）第239346号

小小少年绝境大冒险
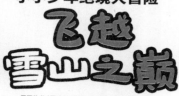

飞越雪山之巅
FEIYUE XUESHAN ZHI DIAN

总 策 划	邢 涛
主 编	龚 勋
设计制作	北京创世卓越文化有限公司
出 版 人	黄和平
责任编辑	徐浩瀚 翟巧燕
文字编辑	胡彩萍
责任校对	程 苗
责任印制	廖小青
出版发行	时代出版传媒股份有限公司
	安徽科学技术出版社
网 址	http://www.press-mart.com http://www.ahstp.net
地 址	合肥市政务文化新区翡翠路1118号出版传媒广场
邮 编	230071
电 话	（0551）63533323
经 销	新华书店
印 刷	大厂回族自治县正兴印务有限公司
开 本	720×1020 1/16
印 张	6
字 数	60千
版 次	2016年1月第1版
印 次	2016年1月第1次印刷
书 号	ISBN 978-7-5337-6804-1
定 价	15.00元